在成長多元探究系列 ● 社會

在成長·幾點創作中心　編

中 華 教 育

帕帕多莉和魔女媽媽一起生活在森林的樹屋裏。

帕帕多莉最喜歡看魔女媽媽施展魔法。她總是想着，要是有一天自己也能成為厲害的小魔女就好了。

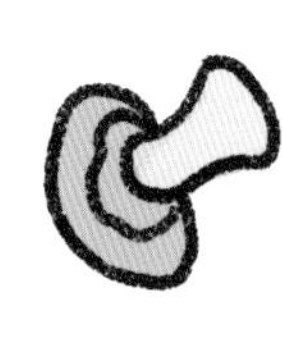

為了早日成為小魔女，帕帕多莉努力學習魔法知識，練習熬製各種魔法藥劑，還搜集了許多美麗的寶石準備裝飾自己的魔法武器。

我太厲害啦！
現在，我要去找魔法之樹啦！

古老神祕的魔法之樹坐落在森林的最深處。它會給每一位達到魔法要求的小魔女，送出她們最夢寐以求的東西——飛天掃帚。

為甚麼？我都已經這麼努力了。
為甚麼？

因為你還沒有做好成為魔女
的準備。

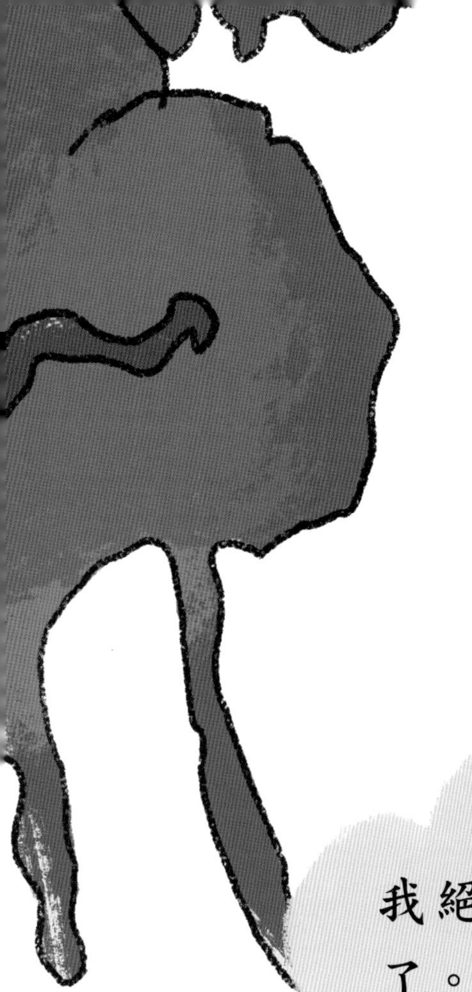

我絕對、絕對、一百個絕對做好準備了。不信的話，你可以考考我！

魔法之樹問：「如果遇到了可怕的噴火龍，你會怎麼做呢？」

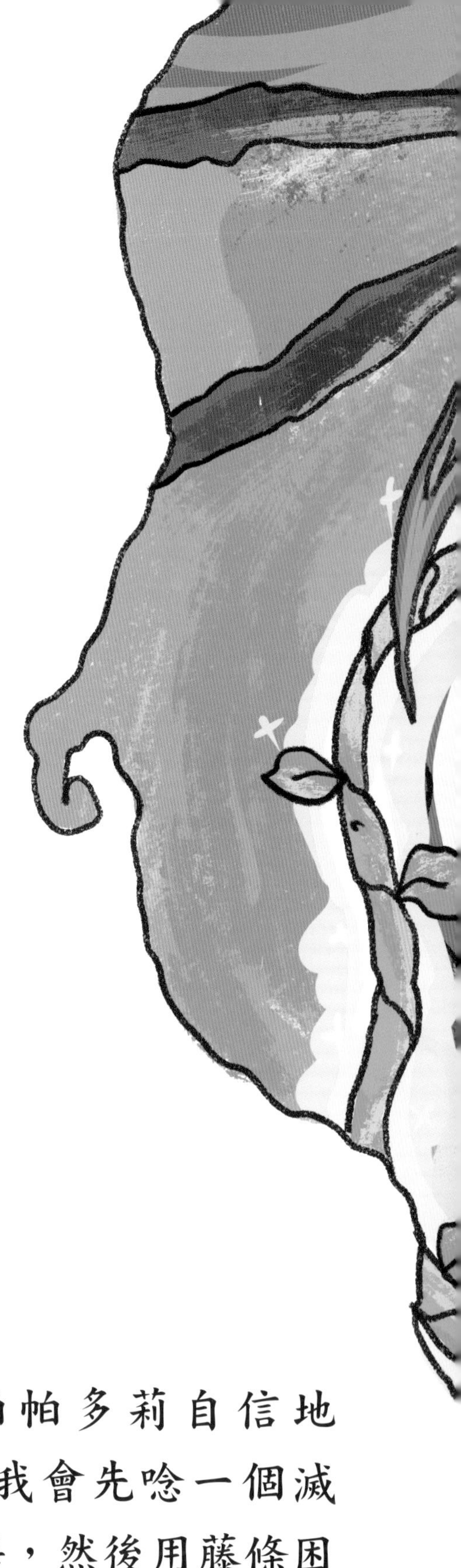

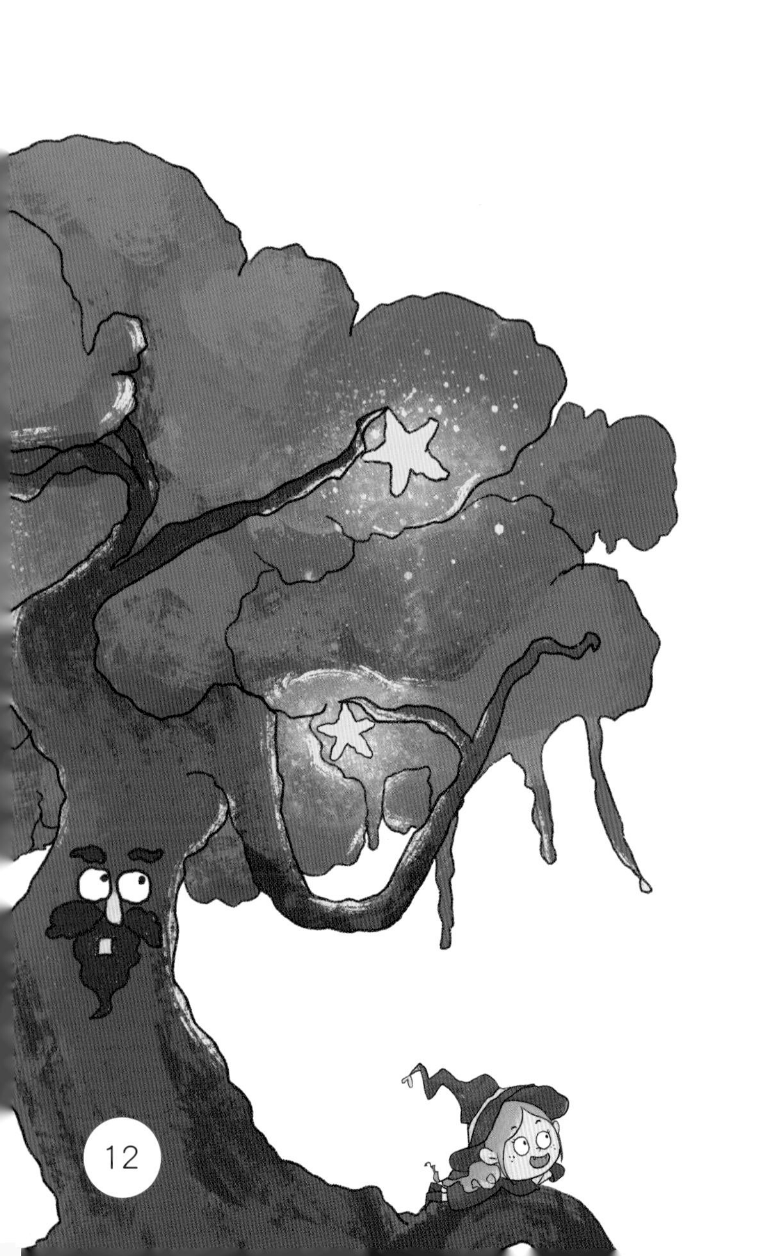

帕帕多莉自信地說：「我會先唸一個滅火咒語，然後用藤條困住噴火龍。這樣，我就能把牠制服啦！」

魔法之樹又問：「然後呢？」

帕帕多莉回答說：「然後，我就可以騎着我的飛天掃帚回家啦。我要躺在牀上，好好地抱着媽媽睡一覺。」

魔法之樹提出了第二個考驗：「如果遇到了迷霧瘴氣，你會怎麼做呢？」

帕帕多莉說：「我會先唸一個風咒語，然後捂住口鼻騎着飛天掃帚衝出去！」

魔法之樹又問：「然後呢？」

帕帕多莉答：「然後就到了晚上，我當然還是要趕回家和媽媽一起睡覺啊。」

魔法之樹又提出了第三個考驗：「如果遇到了掉進沼澤的小動物，你會怎麼做呢？」

帕帕多莉說：「我會先唸一個懸浮咒語，救出這隻小動物，然後……」

帕帕多莉繼續說：「然後，我會和小動物一起洗泡泡浴。最後，我想讓牠陪着我和媽媽一起睡覺。那該多好啊！」

帕帕多莉，你勇敢、聰慧還十分有愛心，但我還是不能給你飛天掃帚。因為飛天掃帚會把魔女帶到很遠的地方，到時候，你就趕不及回來和媽媽一起睡覺了。

帕帕多莉只好忍着眼淚回家了。

我想，你還沒有完全長大，還沒準備好成為一名真正的小魔女。

回到家，一見到魔女媽媽，帕帕多莉委屈的眼淚就再也忍不住了。她把魔法之樹的話都告訴了魔女媽媽。

哦，寶貝！你在害怕甚麼？
讓媽媽來幫助你。

帕帕多莉說：「我怕黑。」

「這還不簡單。」魔女媽媽一揮手，變出了夜光草、夜明珠，還有可愛的螢火蟲。

寶貝，你還怕甚麼？
媽媽，我怕被子不舒服

魔女媽媽又一揮手，變出了柔軟的棉花被子、順滑的羽毛被子，還有香噴噴的花朵被子讓帕帕多莉選。帕帕多莉一下子就被花朵被子吸引住了。

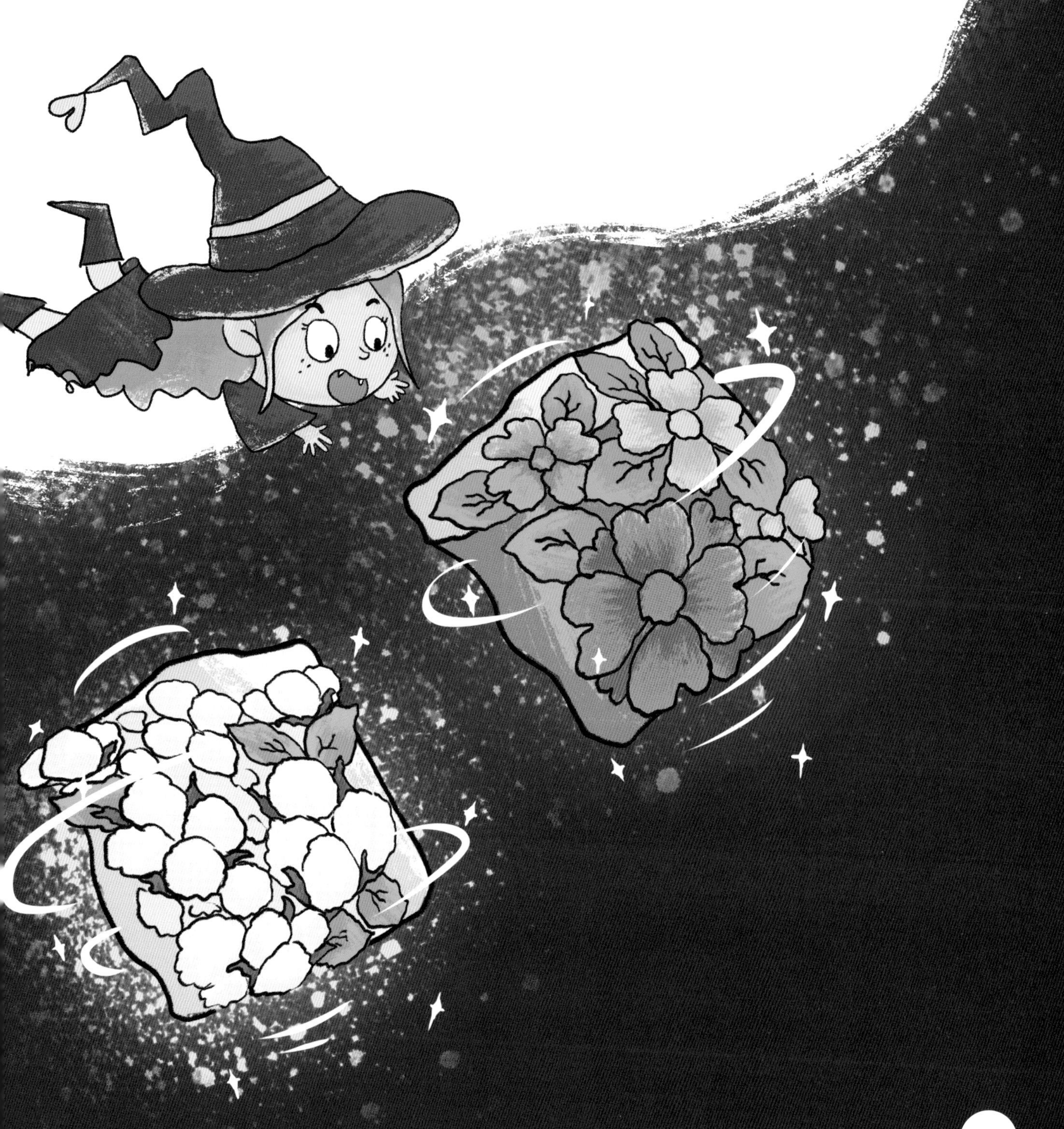

媽媽，我還怕聽到奇怪的聲音。

來，媽媽教給你一個厲害的咒語。

魔女媽媽唸出咒語，身體竟然從牆裏穿了過去！原來魔女媽媽教給了帕帕多莉一個穿牆咒語。

夜晚，帕帕多莉在夜光草的陪伴下，蓋着花朵被子，正要進入夢鄉。

這時，窗外真的出現了奇怪的聲音。帕帕多莉有些害怕，她想要立刻穿牆去找睡在隔壁的媽媽，可是……

不行，不自己睡的話，就不能成為厲害的小魔女了。我倒要看看窗外到底有甚麼可怕的東西！

~嗚~
咯吱!

哇，原來只是一隻可愛的小貓呀！

這下帕帕多莉不再害怕了。

她抱着小貓跳到牀上，安心地睡了一整晚。

第二天，在魔女媽媽、小黑貓的見證下，能夠獨立睡覺的帕帕多莉獲得了飛天掃帚。現在，她終於成為一名真正的小魔女啦！

兒童不敢獨立睡覺的心理

在談論「獨立睡覺」的話題時，你身邊的小朋友有沒有說過「我怕牀下有大怪獸！」「萬一我被外星人抓走怎麼辦？」「我就是想永遠和爸爸媽媽一起睡！」等童言童語？在本書中，主角帕帕多莉是個勇敢又聰慧的小朋友，可她也害怕獨立睡覺。

為甚麼獨立睡覺對兒童來說是巨大的挑戰呢？

首先，這是因為兒童普遍還停留在「泛靈論」的心理發展階段。在兒童的世界裏，一切事物都是有生命的：玩偶會吃飯，小草被人踩了會傷心哭泣，黑暗之中當然也可能藏着可怕的妖怪，所以他們總是有很多讓成人摸不着頭腦的恐懼。

其次，夜晚聲色刺激減少，兒童的思維更容易發散。如果兒童在白天被搶玩具，尿濕褲子，被迫和爸爸媽媽分離，或在影視作品中看到一些激烈的情節，那麼到了晚上，他們就會更容易想起這些事情，加重不安全感。

最後，曾有過不愉快的入睡經歷也會讓兒童抗拒獨立睡覺。比如兒童曾經獨立睡覺而被噪音驚醒，或是醒來後房間內漆黑一片，或是被某種需求喚醒後卻無人幫助他，這些都會讓兒童抗拒再次進入孤立無援的入睡狀態。

在故事中，魔女媽媽為帕帕多莉提供了安心的入睡環境、充足的安全感，最終幫助了帕帕多莉成功獨立入睡。父母的支援對每一位即將踏上獨立睡覺歷程的兒童來說，都具有重要意義。

喵喵……。